第一辑

纳唐科学问答系列

动物宝宝

[法] 维珍妮·雅拉吉地 著

[法] 玛塞勒·热内斯特 绘

杨晓梅 译

吉林科学技术出版社

LES BEBES ANIMAUX
ISBN：978-2-09-255185-1
Text: Virginie Aladjidi
Illustrations: Marcelle Geneste
Copyright © Editions Nathan, 2014
Simplified Chinese edition © Jilin Science & Technology Publishing House 2023
Simplified Chinese edition arranged through Jack and Bean company
All Rights Reserved

吉林省版权局著作合同登记号：
图字　07-2020-0057

图书在版编目（CIP）数据

动物宝宝 / （法）维珍妮·雅拉吉地著 ；杨晓梅译
. -- 长春：吉林科学技术出版社，2023.1
（纳唐科学问答系列）
ISBN 978-7-5578-9608-9

Ⅰ．①动… Ⅱ．①维… ②杨… Ⅲ．①动物—儿童读
物 Ⅳ．①Q95-49

中国版本图书馆CIP数据核字(2022)第160320号

纳唐科学问答系列　动物宝宝
NATANG KEXUE WENDA XILIE　DONGWU BAOBAO

著　　者	[法]维珍妮·雅拉吉地
绘　　者	[法]玛塞勒·热内斯特
译　　者	杨晓梅
出 版 人	宛　霞
责任编辑	赵渤婷
封面设计	长春美印图文设计有限公司
制　　版	长春美印图文设计有限公司
幅面尺寸	226 mm×240 mm
开　　本	16
印　　张	2
页　　数	32
字　　数	30千字
印　　数	1-7 000册
版　　次	2023年1月第1版
印　　次	2023年1月第1次印刷

出　　版　吉林科学技术出版社
发　　行　吉林科学技术出版社
地　　址　长春市福祉大路5788号
邮　　编　130118
发行部电话/传真　0431-81629529　81629530　81629531
　　　　　　　　　81629532　81629533　81629534
储运部电话　0431-86059116
编辑部电话　0431-81629520
印　　刷　吉广控股有限公司

书　　号　ISBN 978-7-5578-9608-9
定　　价　35.00元

目录

春天的养殖场

春暖花开，养殖场里传出叽叽喳喳的声音，一片生机勃勃！农场又迎来了许多新的小生命，每位妈妈都忙着照顾自己的宝宝！

小猫从房顶掉下来会受伤吗？

不会，猫是跳跃能手，可以跳下身高5倍的高度。

为什么小鹅要跟在妈妈身后？

因为小鹅害怕猫。鹅妈妈用嘴巴当武器，威胁小猫别靠近，因为被鹅啄一下很疼哦！

小兔有许多兄弟姐妹吗？

不一定。有些小兔最多可能有11个兄弟姐妹，而有些是"独生"兔。

为什么小鸡与母鸡的颜色不一样？

因为小鸡身上的是绒毛。随着小鸡逐渐长大，绒毛会一点点掉光，被棕色、黑色、白色等颜色的羽毛代替。

小鸭子也会游泳吗？

会！破壳而出的第二天，小鸭子的身体上就会覆盖一层油脂，使身上的绒毛防水。

在图中找一找！

小珍珠鸡

草叉

一篮鸡蛋

牧场里的宝宝

牧场里，动物们有的在喝奶，有的在吃草，有的在反刍……农夫靠近时，它们也不会四散逃开。牧场里的动物早就习惯了人类的照顾。

小马多大时学会走路？

小马一出生就可以站立，不过站不稳，四肢会打战。几个小时后，小马就可以自如地行走了，甚至还能小跑。

小牛在喝奶时会咬妈妈吗？

不会，因为它还没有门牙。等牙齿全都长出来后，小牛就可以开始吃草了。

小牛会把妈妈的所有奶都喝光吗？

不会，小牛喝饱了就会停下。然后，牧场主会把母牛多余的牛奶挤出来。

为什么这里有两只小羊？

母羊通常一胎产下两只小羊，它们之间会特别亲密。母羊只有两个乳头，如果生出了三胞胎，那么牧场主就要用奶瓶喂养其中一只小羊了。

山羊旁边的小动物是什么？

是小山羊，也可以叫它"羊羔"。

在图中找一找！

雀鹰

田鼠

一垛稻草

池塘里的青蛙

春天到了，雌性青蛙来到水里产卵。不过，未来从这些卵里孵化出来的不是青蛙……而是成千上万只蝌蚪！

青蛙的卵藏在哪儿？
在水中！青蛙的卵块会浮到水面上。青蛙的卵藏在水底。

下图摇动尾巴前进的是什么？
是刚孵化出来的小蝌蚪。它们只有头部和尾巴，不过它们的样子很快就会发生变化。

上图有两条腿的动物是什么？
是长大的蝌蚪，尾巴处长出了两条腿。

蝌蚪什么时候才能变成青蛙？

当四条腿完全长出来，尾巴也消失后，蝌蚪就变成了青蛙，可以来到水面上生活了！不过产卵时它们又会回到水中。

右图是青蛙还是蝌蚪？

是蝌蚪，你看它的长尾巴！不过它的四条腿都长出来了，比其他蝌蚪的年纪要大。

在图中找一找！

水蛛

蜉蝣

9

乡间

春天去乡间转一转，我们能看到许许多多动物宝宝，它们通常都是"躲猫猫"高手。因此，我们要小心翼翼地观察，不能放过任何一丝踪迹，才能找到它们！

小松鼠也吃榛子吗？

不吃！小松鼠出生的第一个月都喝奶。虽然不吃榛子，但它们也会学习如何打开坚果。

小野猪身上为什么有条纹？

这些条纹与草地的颜色很像，可以让它们躲在灌木丛中时不被发现。

小狐狸吃什么？

喝奶。狐狸妈妈的毛很丰厚，它会拔下肚子上的毛，露出乳头，让小狐狸们更容易进食。

这只小鹅为什么要爬到妈妈背上？

为了休息……不过它自己也会划水。

这个圆圆的窝里藏着什么小动物？

个头很"迷你"的巢鼠宝宝。它们的妈妈花了整整2天才在这些高高的草上建好了巢。

在图中找一找！

翠鸟

鹿

鼹鼠

狼

狼是优秀的父母，狼爸爸、狼妈妈负责喂养、清洗与保护小狼，直到它们成年为止。

狼妈妈在哪里？

只有狼群首领才能与母狼产下后代。尾巴竖起来的就是狼妈妈们。

被狼妈妈叼着脖子的小狼疼吗？

不会，因为狼妈妈没有用力咬。小狼脖子处的皮肤很厚，一点也不疼。狼妈妈叼着小狼，将它带到要去的地方。

小狼吃什么？

刚出生的小狼喝奶。长大一点后，它们要吃爸爸妈妈提前咀嚼好的食物。再大一点，它们就可以自己去抓一些小动物了。

为什么小狼要打架？
　　小狼们在练习捕猎，不过也是在看谁会成为狼群未来的首领。

小狼的眼睛是什么颜色？
　　出生时是蓝色的。8个月左右，小狼成年了，眼睛就变成了灰色。

在图中找一找！

雕鸮

野兔

啄木鸟

13

热带雨林

　　炎热、潮湿的热带雨林是许多动物与植物的家。对有些小动物来说，这里处处都是危险的陷阱，因为它们的天敌能够轻松地将自己隐藏起来。

挂在树枝上的动物是什么？
　　年幼的森蚺！它正在学习捕猎：当它看到老鼠，便让自己从树上落下来，将老鼠卷起来，用力让它窒息。森蚺成年后甚至可以捕杀美洲豹。

为什么这两只鹦鹉要嘴碰嘴？
　　鹦鹉妈妈的喉咙里藏着带回来的食物，吐到小鹦鹉嘴里，让它吃掉。

为什么食蚁兽要趴在妈妈背上？
　　小食蚁兽在学习妈妈如何打开蚁穴。这样等它长大了，就知道该如何填饱肚子了。

树懒宝宝在哪里睡觉？

树懒宝宝趴在妈妈的肚子上睡觉。

小美洲豹在干吗？

小美洲豹在模仿成年的美洲豹：观察鸟儿、猴子或鳄鱼，学习如何捕猎。

在图中找一找！

蛙

蝴蝶

巨嘴鸟

猩猩

大猩猩在照顾后代时十分用心。除了喂食，成年大猩猩还要对孩子关怀、爱抚，耐心教导它们许多事情。

为什么大猩猩妈妈要检查小猩猩？

大猩猩妈妈在给小猩猩抓虱子，这是它表达母爱的一种方式。

小黑猩猩在干什么？

小黑猩猩正在妈妈的指导下学习如何用树枝寻找白蚁。昆虫是黑猩猩最爱的美食之一。

大猩猩爸爸会照顾孩子吗？

会。爸爸会陪宝宝玩耍，教它记住群体里其他猩猩的叫声，这样才能认出同伴。

大猩猩宝宝在哪里睡觉？

　　叶子搭的窝。每天，大猩猩妈妈都会在不同的树上搭一个窝，让宝宝睡觉。

这只大猩猩宝宝会走路吗？

　　不会，宝宝太小了，所以妈妈要背着它前行。

在图中找一找！

犀鸟

变色龙

沙漠的夜晚

　　白天的沙漠，炙热的太阳暴晒着大地。高温下，许多动物面临着缺水的风险。因此，绝大部分生活在沙漠中的动物都选择在夜晚出来活动。

为什么这只小剑羚独自待着？
　　小剑羚在等待妈妈晚上回来，那时就可以喝奶了。等它能自己站起来后，才可以跟着同伴们一起活动。

小骆驼要喝很多奶吗？
　　没错！小骆驼一天要喝12升奶！

从洞里探出脑袋的是什么动物？
　　小耳廓狐！它们渴望玩耍、奔跑、捕猎，不过要等到太阳下山后，在妈妈的陪伴下，它们才能出来活动。

小胡狼正在亲妈妈吗？

不是！小胡狼轻轻舔妈妈的嘴巴，表达："我饿了！快给我食物！"

这群小狐獴在干吗？

小狐獴在玩耍，妈妈在一旁警惕地观察。遇到危险，狐獴妈妈会发出一声短促的尖叫，然后所有狐獴便会立刻躲进地下的巢穴中。

在图中找一找！

沙鼠

壁虎

犬羚

在草原上长大

大草原气候炎热。这里到处是草、灌木与矮树，生活着许多动物，包括陆地上最大的哺乳动物。

长颈鹿是如何生宝宝的？

长颈鹿妈妈站着，小长颈鹿从2米高处落下来。过程很突然，不过妈妈会舔舐小长颈鹿，好好安慰它。

这头母狮有很多小宝宝吗？

不是，它只有一个宝宝。但是，每当其他母狮去捕猎时，大家会把所有的宝宝都交给一位妈妈来看管。任意一头母狮都会给群体里的所有小狮子哺乳。

为什么这头小象要吃鼻子？

小象一边吸吮着鼻子，一边甜甜地睡觉，就像人类宝宝睡觉时吸大拇指一样！

小猎豹在干吗？

小猎豹在练习捕猎。在树干上爬行，这样就可以突然跳到树下的猎物身上。

鳄鱼妈妈把小鳄鱼吃掉了吗？

没有！妈妈把小鳄鱼放在嘴里，是要把它们带到别的地方。鳄鱼妈妈很小心，绝对不会弄疼宝宝！

在图中找一找！

火烈鸟

鹭

斑马

21

在海洋里出生

热带海洋里生活着许多或大或小的动物，其中很多都不是鱼类。它们中有些用心照顾自己的后代，有些生完就不再照顾后代了。

小海龟的妈妈在哪里？
海龟妈妈在沙滩产下蛋之后就走了。小海龟破壳而出，要独自爬到海中。途中千万不能被螃蟹抓到！

雌海豚在干吗？
雌海豚要把刚出生的小海豚顶到水面上，这样小海豚才可以呼吸，而海豚妈妈也可以趁机休息一下。

海马中谁来负责孵化受精卵？
海马爸爸！它收回雌海马产下的卵子，放入育儿袋中受精，直到小海马被孵化出来。

小水母和妈妈一起生活吗？

没错！一开始，小水母像只幼虫，牢牢挂在妈妈的嘴上，捕食附近的猎物。

小鲨鱼的妈妈在哪里？

离开了。一出生，妈妈就把小鲨鱼抛弃了。不过还好，小鲨鱼生下来就会游泳。

在图中找一找！

螃蟹

轮船

小丑鱼

23

在冰雪中生存

在北极，陆地常年覆盖着厚厚的积雪，大海也被冰层覆盖，这样的冰层被称为"海冰"。北极的天气非常寒冷，但一些动物宝宝能够适应这种极端天气。

北极熊妈妈给宝宝带了什么食物？

海豹肉。北极熊的嗅觉很灵敏，可以发现30千米外的海豹！

为什么小海豹要围在洞边？

因为妈妈正在水里。水里比冰上要温暖许多，它们也要跳到水中，加入妈妈游泳的行列。

小北极熊在雪里冷吗？

不冷！它的巢穴是在雪下挖出的一条通道，防风防寒，使洞里一直保持0摄氏度左右。

小驯鹿可以在雪地里生存吗？

小驯鹿没法在雪中待太久，因为气温实在太低了。它要跟着驯鹿群前往南边的森林。

小狐狸在雪地里经常遇到危险吗？

是啊。小狐狸出生时的皮毛颜色很显眼，一下便会被天敌发现。不过到了冬天，它的毛会变成白色，就可以隐藏在雪地中了。

在图中找一找！

海象

象牙鸥

貂

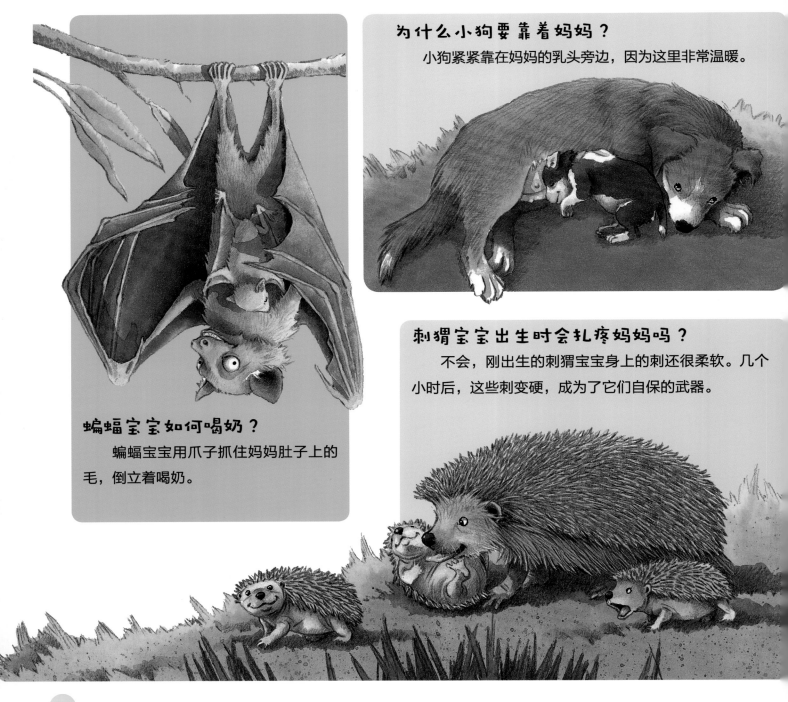

为什么小狗要靠着妈妈？

小狗紧紧靠在妈妈的乳头旁边，因为这里非常温暖。

蝙蝠宝宝如何喝奶？

蝙蝠宝宝用爪子抓住妈妈肚子上的毛，倒立着喝奶。

刺猬宝宝出生时会扎疼妈妈吗？

不会，刚出生的刺猬宝宝身上的刺还很柔软。几个小时后，这些刺变硬，成为了它们自保的武器。

哪种哺乳动物一胎生下的宝宝最多？

负鼠，它们一次可产下23个后代。不过其中只有一半能到达妈妈的育儿袋中喝到母乳，其余的则会死掉。

蝎子宝宝在妈妈背上干嘛？

蝎子出生时很柔软。因为毫无自保能力，它们要爬到妈妈的背上。脚上的吸盘让它们可以牢牢待在上面。

最小和最大的哺乳动物宝宝分别是什么？

在哺乳动物中，最小的动物宝宝是鼩鼱：出生时重量不足1克，比一根羽毛还轻。

最大的动物宝宝是鲸：它一出生就有约800千克，4米长，比一辆大卡车还长！

蛋黄就是小鸡吗？

不是，蛋黄是为胚胎提供营养的物质。

12天时，小鸡就占据了鸡蛋里的许多空间，蛋黄也会一点点消失。

21天时，小鸡已经准备好了，它要破壳而出，探索这个世界！

 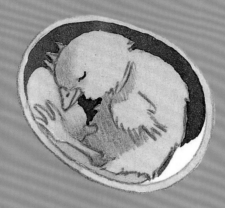 

小驴和小马会在一起玩吗？

会！在牧场的草地上，我们经常能看见它们互相磨蹭鼻子示好，并肩跳跃玩耍。

每只小猪喝奶时都有自己的专属位置吗？

出生时，小猪就会选好自己的专属乳头，每次都从同一个地方喝奶。如果一次生下的小猪太多，乳头不够，小猪之间会打架争夺。

蟾蜍是公青蛙吗？

不是，蟾蜍和青蛙是完全不同的物种。蟾蜍皮肤上有许多疙瘩，而青蛙很光滑。但它们的后代都叫蝌蚪。

下图这只蟾蜍为什么要把卵放在背上？

它是产婆蟾。雄性将雌性产下的卵背在背上，定期去水塘，让卵保持湿润。当卵即将孵化时，雄性产婆蟾会背着卵回到水中。

为什么鹳要把巢筑在高处？

这样筑巢是为了保护雏鸟的安全。

瓢虫身上的点点代表了它的年纪吗？

不是的，点点的数量代表了瓢虫的种类：五星瓢虫，七星瓢虫，还有十星、十四星、二十二星……最有名的是七星瓢虫，它的宝宝是黄色的。

为什么小狼皮毛的颜色跟妈妈不一样？

刚出生时，小狼的皮毛是灰色或黑色的。随着年龄的增长，它的毛会变成红色，不过四肢和鬃毛还是黑色。

小考拉在妈妈背上干什么？

妈妈觅食时，小考拉会爬到妈妈的背上，品尝美味的桉树叶后再回到育儿袋中喝奶。1岁时，小考拉就可以自己觅食了。

假如我们靠近小狼会发生什么？

狼妈妈会张大嘴，露出锋利的獠牙，鬃毛也会竖起来——这么做的目的是让想攻击小狼的敌人害怕。

小孟加拉虎吃肉吗？

吃。虽然小孟加拉虎还在喝奶，但也会吃爸爸妈妈吃剩的肉。

照顾小长臂猿的是谁？

是爸爸！雄性长臂猿花很多时间陪伴后代，直到小长臂猿6岁成年为止。

小红毛猩猩为什么不会从妈妈背上掉下来？

小红毛猩猩紧紧抓着妈妈背上的毛。无论妈妈走路还是翻跟斗，它都不会掉下来。经过这样的训练，长大后的红毛猩猩肌肉很发达，可以轻松地挂在树枝上。

袋鼠宝宝经常爬出妈妈的育儿袋吗？

0.5～1岁，小袋鼠经常从育儿袋出来，吃点树叶和草，然后再回到育儿袋中喝奶或睡觉。1岁后，它才会彻底离开育儿袋。

袋鼠宝宝在哪里长大？

在袋鼠妈妈的育儿袋中。刚出生的袋鼠宝宝个头与人的小拇指差不多大。它要迅速爬进妈妈的育儿袋，找到两个乳头中的一个并紧紧抱住。

为什么小鸵鸟看上去那么累？

因为小鸵鸟花了整整50个小时才从壳里爬出来。鸵鸟蛋又大又厚，重量相当于24个鸡蛋，是地球上最大的蛋！

小河马正在学游泳吗？

小河马在学会走路前就已经会游泳了。这头小河马憋住气，在水下喝奶呢。

谁来照顾小企鹅？

企鹅爸爸！妈妈把生下来的蛋交给爸爸，企鹅爸爸要孵整整2个月。小企鹅出生后，企鹅父母会轮流把小企鹅夹在腿中间，用嘴巴给它喂食。

为什么海獭妈妈要仰泳？

这样就可以一边"散步"，一边给宝宝哺乳了。